专家推荐语

人类的生活离不开塑料，然而，大量的废弃塑料正以惊人的速度污染我们的地球。塑料本身不是污染物，但塑料垃圾被随意丢弃到自然环境中难以降解，就会造成环境危害。只有让塑料垃圾进入塑料循环体系，再生成为新的产品继续为人类服务，才能够减少环境污染、节约资源、降低排放，为实现碳中和作出贡献。

塑料垃圾是放错了地方的资源，垃圾分类是塑料循环的第一步，也是最关键的一步。垃圾分类，教育先行。早期的环境教育不仅有助于培养小朋友的环保意识，还能激发他们对环境科学的兴趣。

本套丛书从不同视角介绍了塑料的“性格特点”“前世今生”“循环之旅”等，画风优美，内容生动有趣。绘本中的主人公与小朋友亲密互动，帮助小朋友了解塑料循环的知识，鼓励他们亲身参与到塑料垃圾分类中来，从而激发对生态文明与绿色发展的好奇心和探索心。

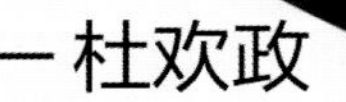

—— 杜欢政

塑料循环 从我做起

- 碳中和与塑料循环环保科普教育丛书 -

一个牛奶盒的

本书编委会 著

中国石化出版社
·北 京·

一个牛奶盒的循环之旅

编撰委员会

总 顾 问：曹湘洪

主　　编：杜欢政　蔡志强

编　　委：陈　锟　高永平　刘　健　文　婧

文字撰稿：文　婧　蔡　静　孙　蕊

插　　画：丁智博　李潇潇

知识顾问：者东梅　钱　鑫　王树霞　吕　芸
吕明福　初立秋　戚桂村　周　清

支持单位：中国石化化工事业部
中国石化化工销售有限公司
同济大学生态文明与循环经济研究所
浙江省长三角循环经济技术研究院

小朋友，你好！
想了解牛奶盒是如何回收利用的吗？
欢迎踏上牛奶盒的循环之旅！

喝完一盒牛奶，
你会怎么处理空牛奶盒呢？
是随手一扔，
和其他垃圾混合在一起吗？
200 个废牛奶盒
可制成一张小凳子
20 个废牛奶盒
可制成一个小笔筒
2000 个废牛奶盒
可制成一张小桌子

事实上，废牛奶盒是可以回收再利用的。上海世博会的 1000 多个环保座椅和上海崇明花博会总长 156 米的“上海最长观花长椅”，都是以回收后的废牛奶盒为原料加工制成的。

今天，让我们跟着故事的主角“牛牛”，一起探寻废牛奶盒的循环之旅吧！

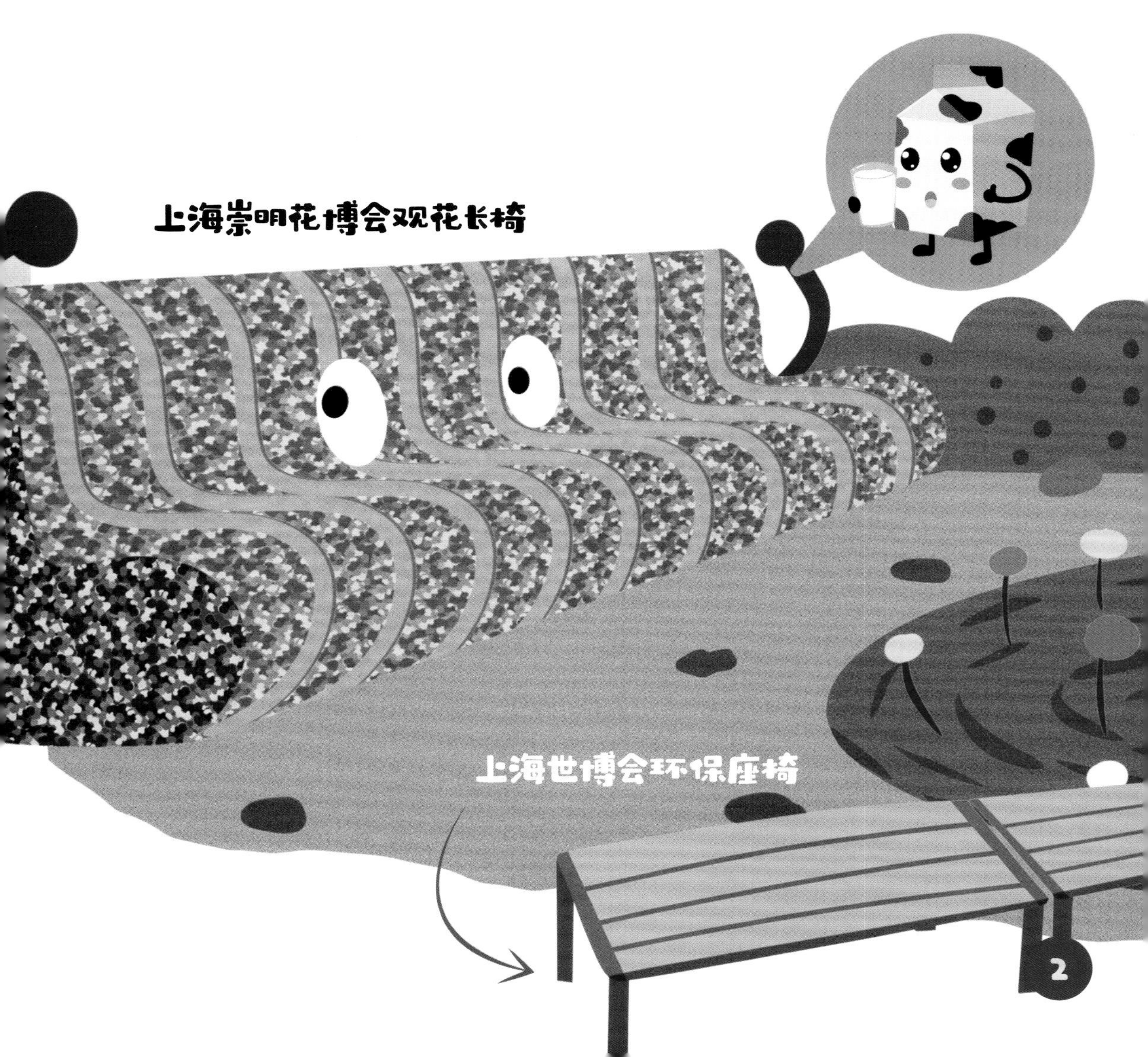

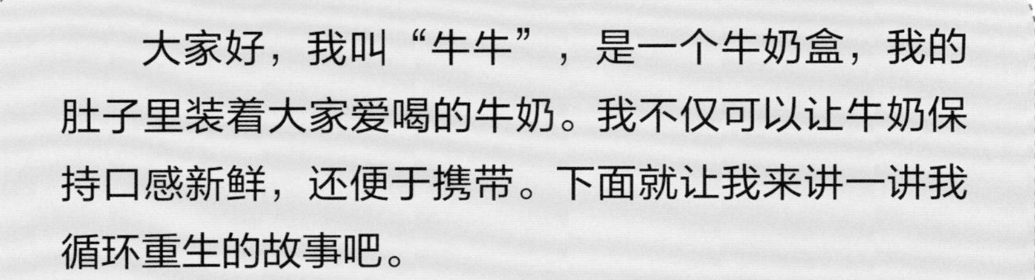

大家好，我叫“牛牛”，是一个牛奶盒，我的肚子里装着大家爱喝的牛奶。我不仅可以让牛奶保持口感新鲜，还便于携带。下面就让我来讲一讲我循环重生的故事吧。

“牛牛”

你知道吗？牛奶最早是用玻璃瓶装的，但是玻璃瓶容易碎，也不容易保鲜，不便于销售到较远的地方。后来市场上有了巴氏杀菌奶、超高温瞬时灭菌奶，它们多使用塑料材质包装，虽然容易运输，但保鲜时间不长。再后来又发明了百利包、屋顶型纸盒这些包装，牛奶不仅可以被运到产地以外很远的地方，还能保证新鲜的品质。

巴氏杀菌

巴氏杀菌工艺

Milk

百利包

超高温

百利包装奶

小朋友，你是否也好奇牛奶盒是用什么材料制成的呢？我们到底是纸盒还是塑料盒呢？

事实上，我们是由多层不同的材料（饮料纸基复合包装材料）制成的，大约包含 75% 的纸浆、20% 的塑料（聚乙烯 PE 为主）和 5% 的铝，形成阻光、阻氧、阻潮的无菌环境。正是这种结构的纸盒包装，才能“锁”住牛奶和饮料的营养，维持新鲜的口感，延长存放时间。

有了我们，远方草原的优质牛奶才得以方便、安全地送到千里之外的千家万户。

饮料纸基复合包装目前大多应用于牛奶、酸奶等产品。我国每年生产约600亿个牛奶盒，被喝空的纸基复合包装数量可真不少呢！

每人每年的消耗
40 余个牛奶盒

纸基复合包装含有大量不可降解的材料，如果被当成垃圾焚烧或填埋，不仅造成资源和能源的浪费，而且会污染环境，危害人类健康。

当肚子里的牛奶被喝完后，我就成了可回收物垃圾。

千万要记住，一定要把我清洗干净，晾干压平。这样我才有资格和千千万万个兄弟姐妹一起，被捆起来打包运输到回收处理工厂去。

总结起来就是：“一拆、二洗、三晾、四压、五叠”。将牛奶盒用剪刀剪开；用水将拆开的牛奶盒清洗干净；然后将其晾干；再将晾干的牛奶盒压瘪，减小体积；最后叠放整齐。

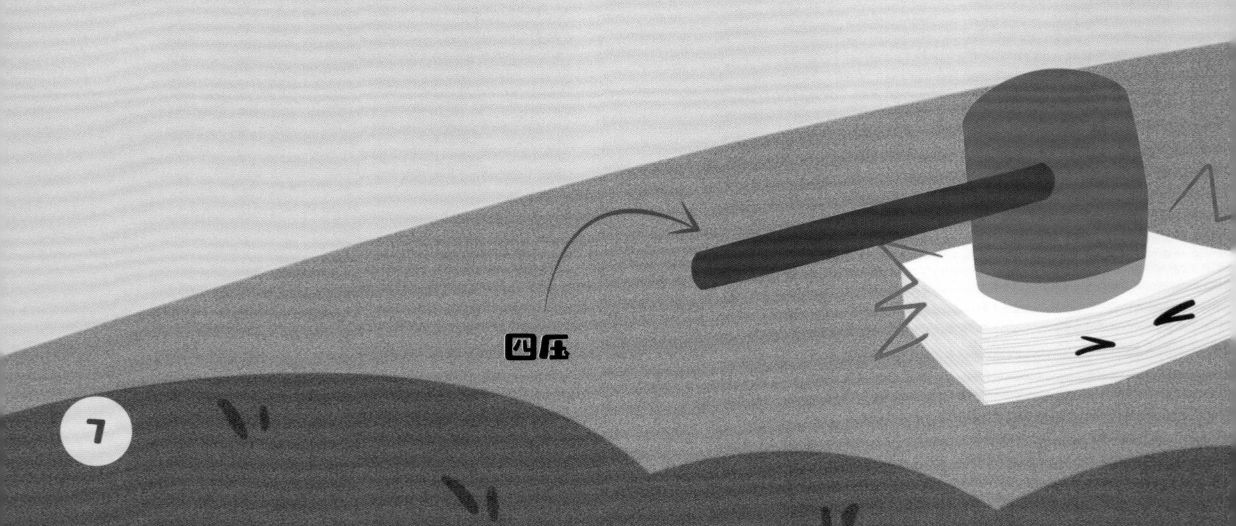

常温饮料纸基复合包装的纸板层、塑料层和铝箔层，都是100% 可再生利用的。但是未经清洗的牛奶盒中残存的牛奶易腐败产生恶臭，在运输过程中易形成难以处理的垃圾渗滤液，对土壤和地下水造成污染。因此，应把牛奶盒洗净、晾干后压扁，再进行回收。

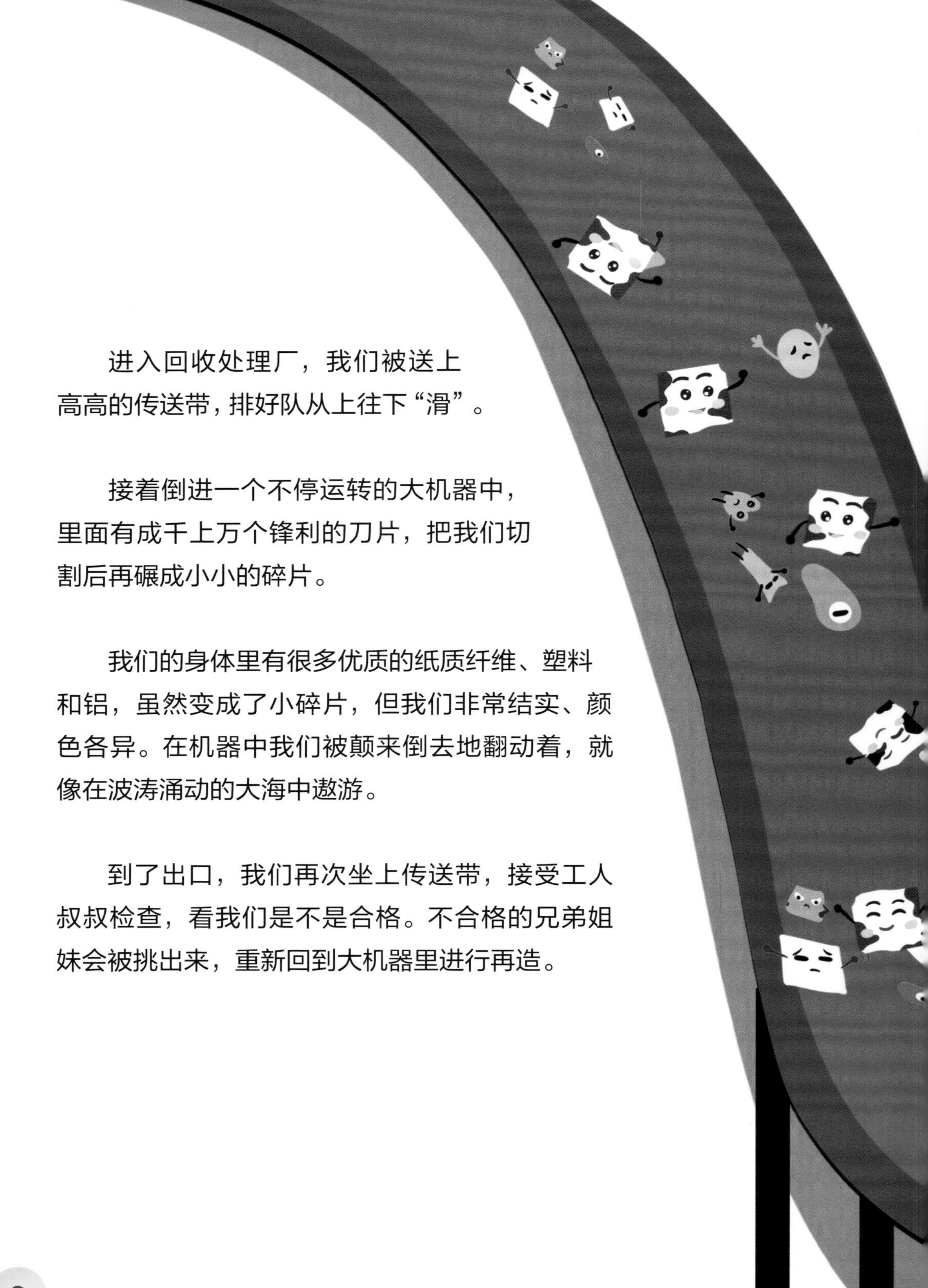

进入回收处理厂，我们被送上高高的传送带，排好队从上往下“滑”。

接着倒进一个不停运转的大机器中，里面有成千上万个锋利的刀片，把我们切割后再碾成小小的碎片。

我们的身体里有很多优质的纸质纤维、塑料和铝，虽然变成了小碎片，但我们非常结实、颜色各异。在机器中我们被颠来倒去地翻动着，就像在波涛涌动的大海中遨游。

到了出口，我们再次坐上传送带，接受工人叔叔检查，看我们是不是合格。不合格的兄弟姐妹会被挑出来，重新回到大机器里进行再造。

下个目的地是一个非常热的大熔炉。已经成为碎片的我们手拉着手，在热浪中翻滚跳跃。这是一个“浴火重生”的过程。曾经相当有型的我们，慢慢变软，直至全部融化，沉沉地睡去。

等我醒来时，发现自己已经身处低温区，跟兄弟姐妹们融为一体。冷却后的我们被送入锻造机器，在挤压和塑形中迎来新生。

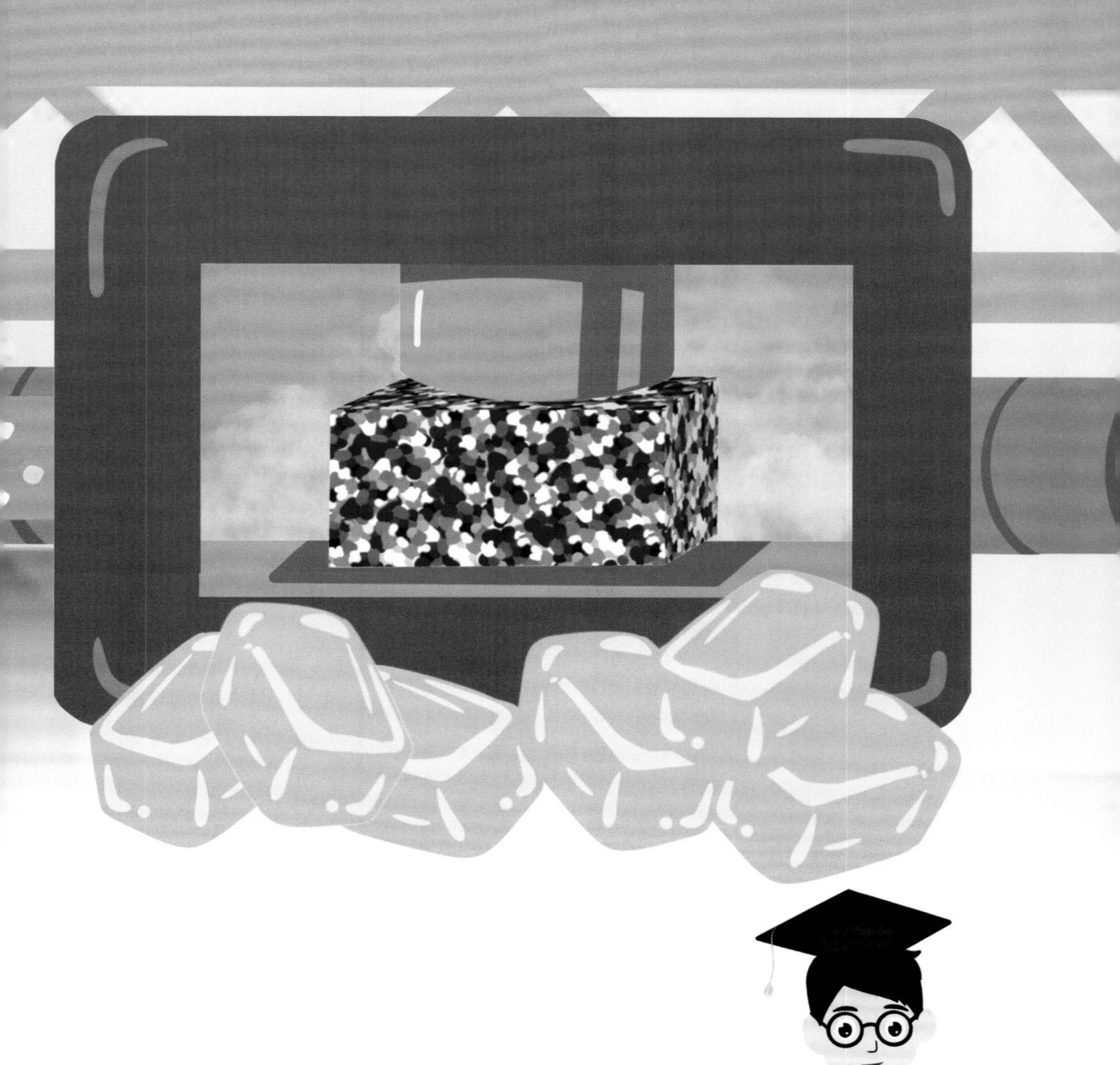

对牛奶盒整盒回收，首先要把牛奶盒粉碎造粒，高温蒸发掉绝大部分水分，再挤成可塑性很强的原材料，最后倒入模具冷却定型，切割加工成相关产品。

经过“千锤百炼”，我们获得了重生，变成了漂亮的“塑木”新材料。这种“塑木”可以用于制造地板、座椅、垃圾桶、工业托盘、围栏等各种产品。而我，就变成了一把“塑木”座椅的一部分，欣喜地在公园里找到了归宿，等待着休闲的人们来体验我坚实的臂膀。这就是我们循环再生的定型环节。

2021年，在上海举行的第十届中国花卉博览会上出现了一个总长156米的“牛奶盒长椅”。该长椅是由约502.7万个回收的废弃牛奶盒，经过打碎后利用特殊技术高压制作而成。

“塑木”最大的优点是变废为宝，并可100%回收再生产，不会造成“白色污染”，是真正的绿色环保产品。

除了粉碎造粒“重生”成为“塑木”之外，我们还有另一条循环“重生”之路——拆分为纸浆、塑料、铝粉三类再生原料。这些材料还有你意想不到的用处。

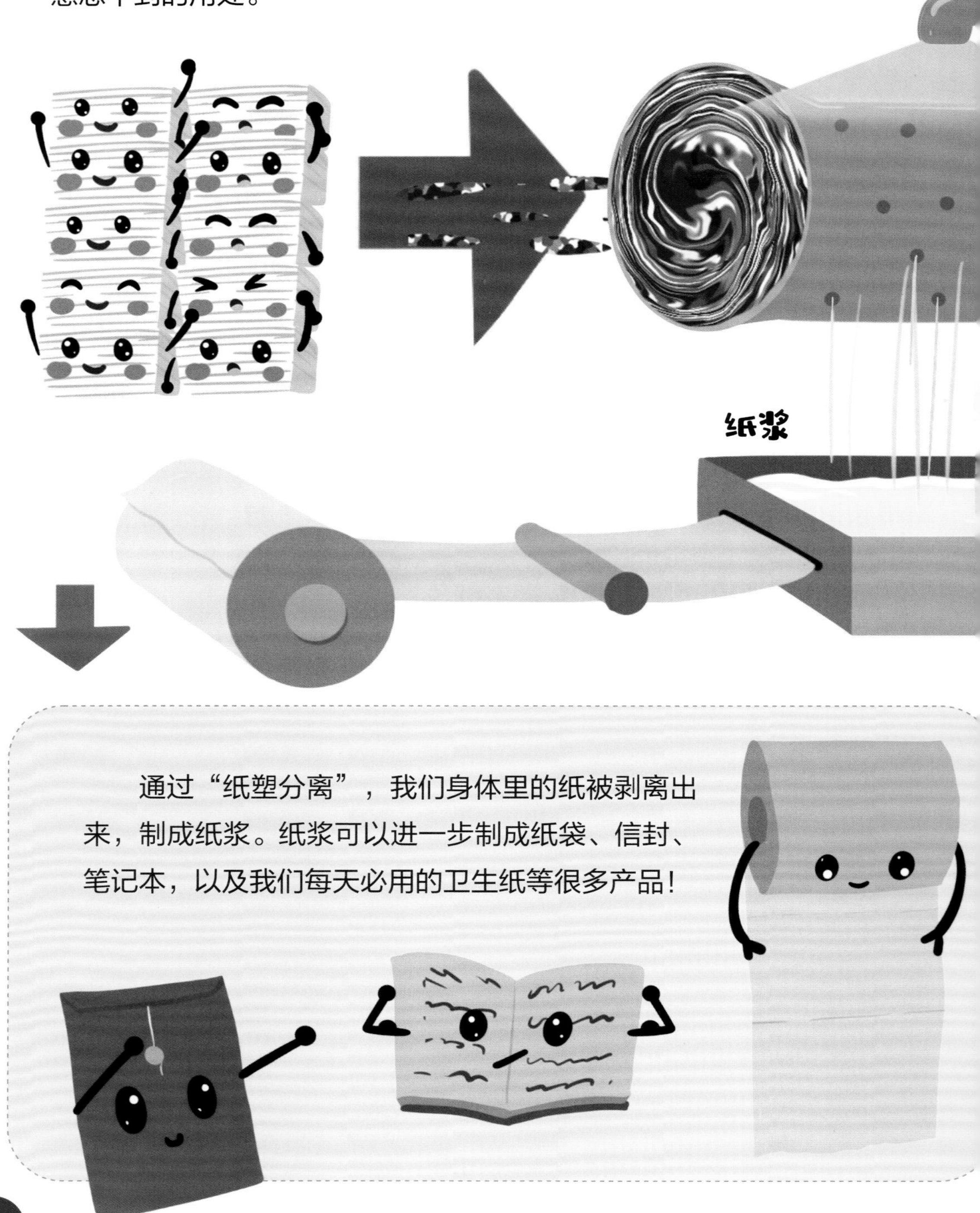

通过“纸塑分离”，我们身体里的纸被剥离出来，制成纸浆。纸浆可以进一步制成纸袋、信封、笔记本，以及我们每天必用的卫生纸等很多产品！

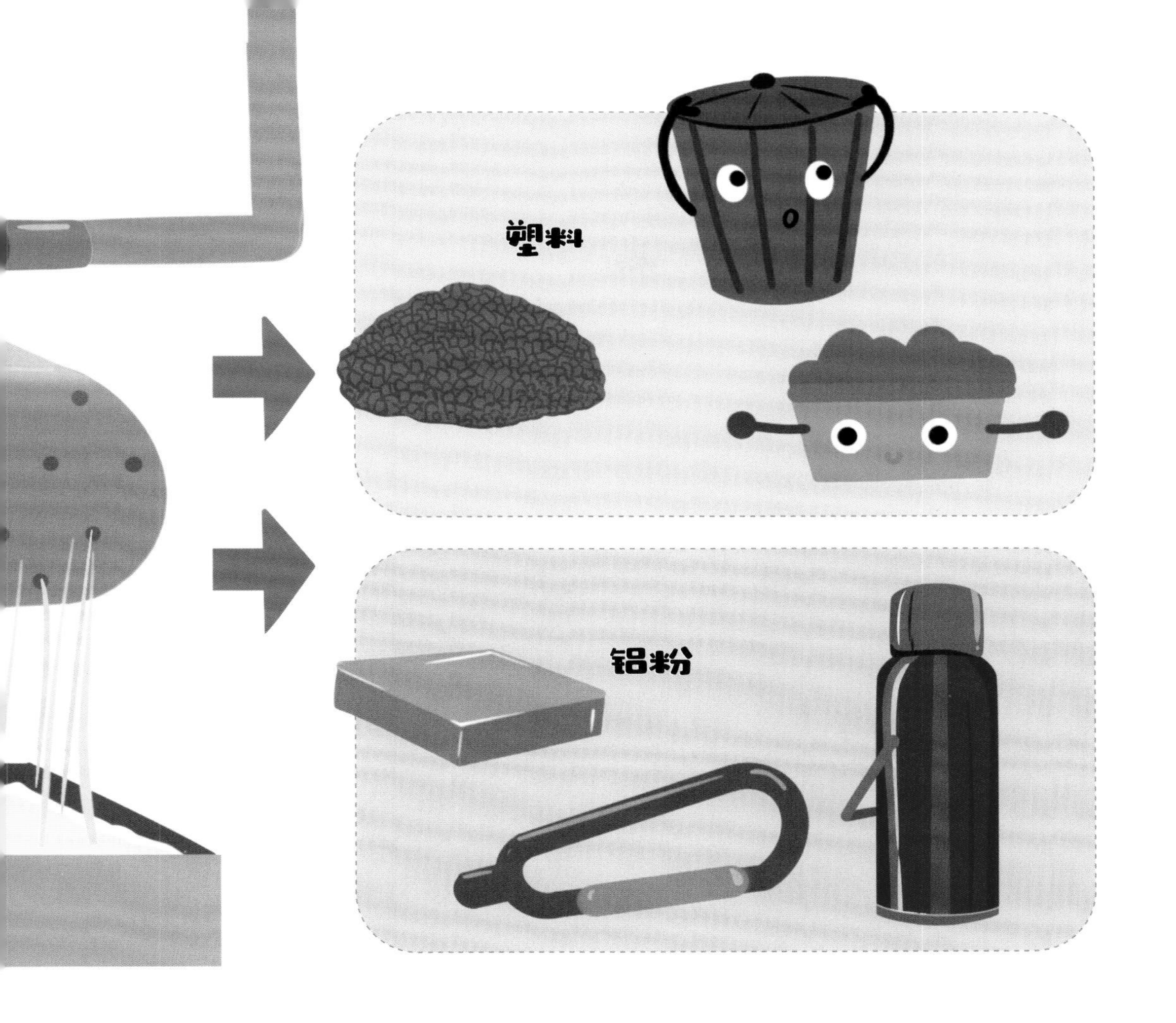

剥离掉纸后，我们再进行“铝塑分离”。分离出的塑料粒子，可制成垃圾桶、排污管、花盆等产品；分离出的中高纯度的铝粉，可加工制成轻便水壶、登山挂钩等产品。

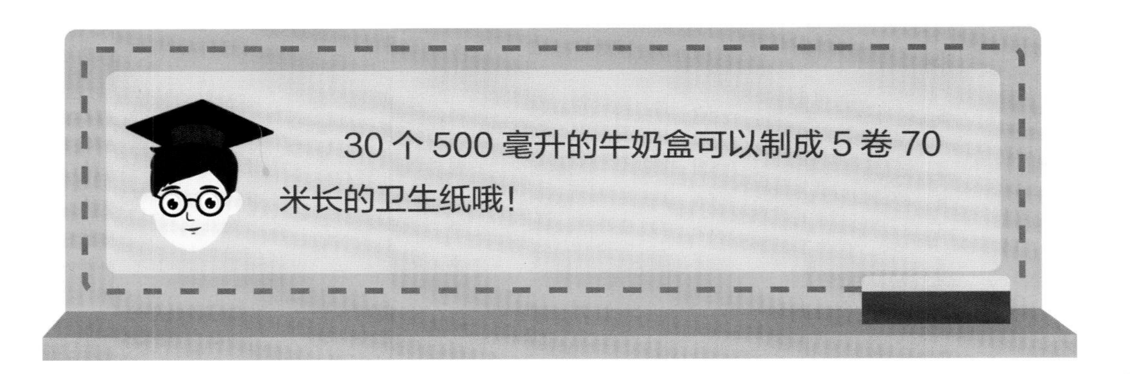

这就是我—— 一个牛奶盒的生命轮回之旅。经过处理后的我易于运输，且能被100% 循环利用，这样的材料真是好处不少呢！

因此，请小朋友们把我们从日常垃圾中挑选出来，洗净压平后，放入标注着“可回收物”的垃圾桶内，让我们进入一个新的生命轮回，继续为人类服务吧！

我国每日消费约 1.6 亿个牛奶盒，目前回收率仅为 10% ~ 20%。如果回收率能够达到 50%，那么一年可生产再生纸浆 20 万吨、再生塑料 6.7 万吨、再生铝粉 1600 吨，相当于种植 330 万棵树，节约 2100 万吨水，节省 21 万吨石油、51 万吨铝土矿，减排 75 万吨二氧化碳。

塑料博士小课堂——你问我答

什么是食品级塑料？

食品级塑料是一种符合特定食品安全标准的塑料材料，适用于与食品接触的制品和包装。这些塑料材料经过严格的测试和认证，确保它们在与食品接触时不会释放有害物质，不会影响食品的质量、味道和安全性。

食品级塑料通常需要符合以下标准：不迁移有害物质、耐高温、性质稳定、不透味、符合相关法规标准。

食品级塑料在食品包装、容器制造等方面广泛应用，为食品安全保驾护航。

牛奶盒“牛牛”经过回收后变成的塑木是什么？

塑木，也称为塑木复合材料（Wood-Plastic Composites，WPC），是一种新型环保材料。它主要由木质纤维（如木屑、竹屑、麦秸、谷糠、花生壳、棉秸秆等生物质材料）和热塑性高分子材料（如聚乙烯、聚丙烯、聚氯乙烯等）组成。这些材料经过混合、加热挤出或模压、注射成型等工艺，形成具有木质外观和质感的板材或型材。

与其他材料相比，塑木有哪些优点？

塑木结合了木材和塑料的优点，具有良好的防潮耐水、耐酸碱、抑真菌、抗静电、防虫蛀等性能，同时具有防火、无污染、无公害、可循环利用的特点。它常用于室内外装饰装修，如地板、护栏、花池、凉亭等，也可用于替代木材制作各种包装物、托盘、仓垫板等。

我国的生活垃圾是怎么分类的？牛奶盒是可回收物垃圾吗？

我国的生活垃圾一般可分为四类：可回收物垃圾（蓝色垃圾箱）、厨余垃圾（绿色垃圾箱）、有害垃圾（红色垃圾箱）和其他垃圾（黑色垃圾箱）。可回收物垃圾也称可回收物，主要包括废纸、塑料、玻璃、金属和布料五类。牛奶盒主要由 75% 的纸浆、20% 的塑料和 5%的铝构成，属于可回收物垃圾。在牛奶盒上可以找到一个由三个箭头首尾相连组成的三角形，这是可回收的标志，这个箭头表明牛奶盒应该投入可回收物垃圾箱。

塑料博士小课堂 —— 你问我答

牛奶盒回收再利用的关键环节是什么？

一是牛奶盒的收集处理环节。要使牛奶盒清洁干净，保持干燥不留液体，防止残存的牛奶腐败产生恶臭，造成二次污染。

二是通过塑木技术将废弃牛奶盒碾碎热压、加工制造出塑木产品，物尽其用，或通过纸塑分离、铝塑分离等技术将牛奶盒分离为纸、塑、铝三类物质，再分别进行加工处理，提高牛奶盒的回收再利用价值。

牛奶盒如果不回收利用，会带来哪些危害？

牛奶盒属于纸基复合包装，如果不回收利用，不仅会造成巨大的资源浪费，而且通过焚烧或填埋等方式处理，也会带来环境问题和影响健康。它们如果被丢弃到自然环境中，则会成为难以降解的污染源。

铝制品

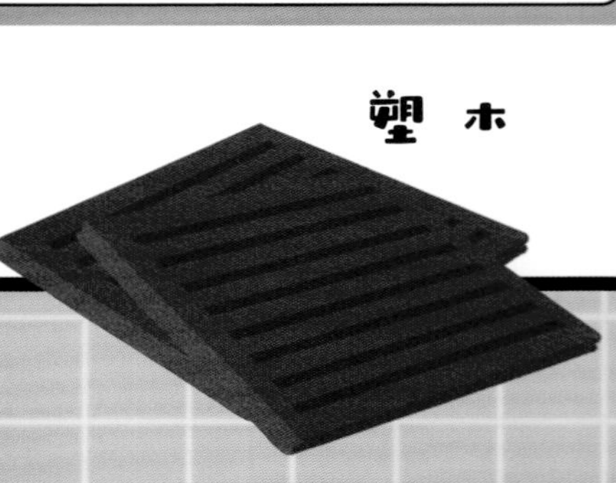

塑 木

垃圾分类与碳中和有什么关系呢？

碳中和目标的达成需要我们从各个方面减少二氧化碳等温室气体的排放。在垃圾分类方面，前端分类投放、中端分类运输和末端处理利用三者构成一个紧密且完整的垃圾回收链条。垃圾分类分得越细致，就越能够实现垃圾分类三个环节的协同减碳。前端细致的分类可以让越来越多的可回收物垃圾获得“新生”，在垃圾处理环节，就可以减少焚烧或填埋的垃圾量，由此达到减排二氧化碳的目的。因此，垃圾分类有助于节能减排，让我国早日达成碳达峰、碳中和目标。

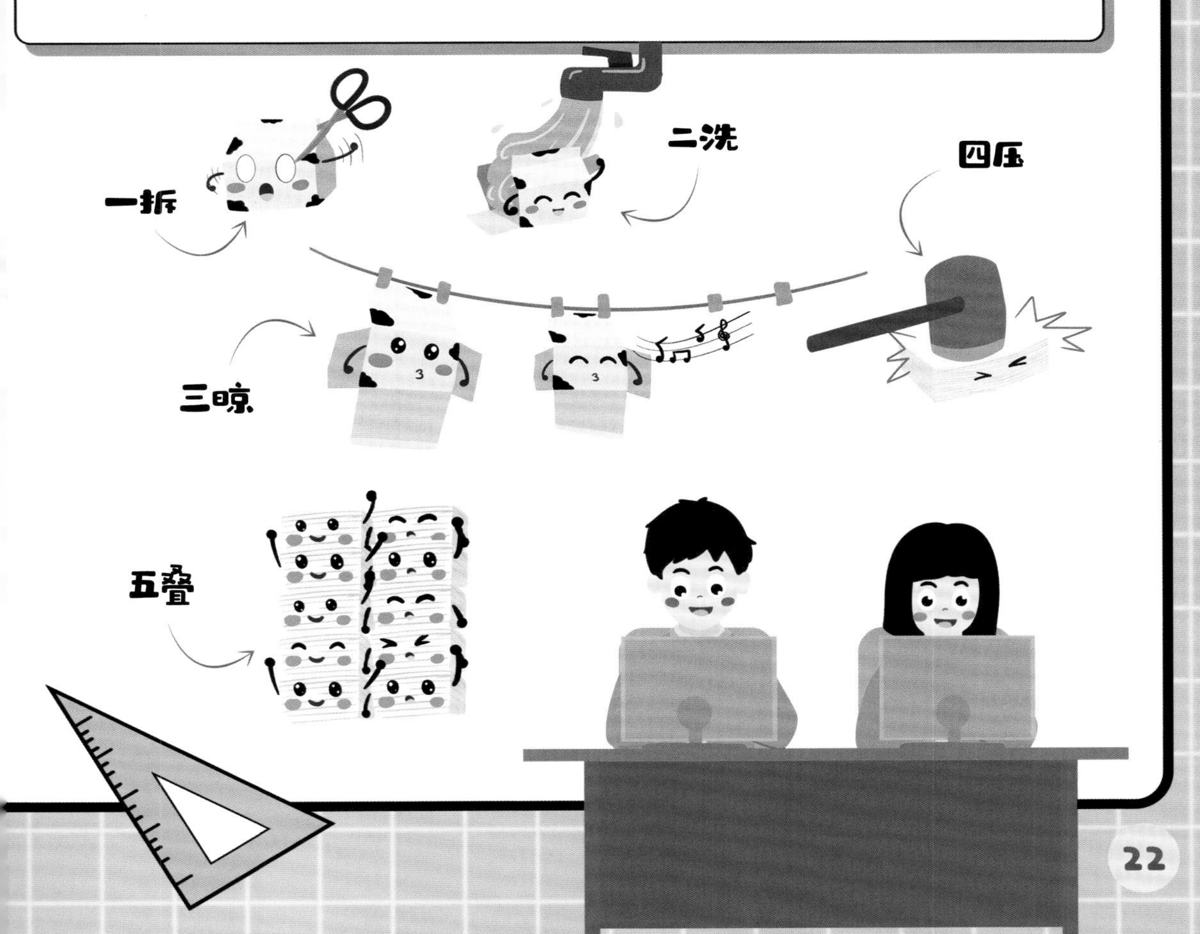

后记

一个牛奶盒的循环之旅

通过探寻牛奶盒“牛牛”从废弃到再生的历程，相信小读者们已经了解了纸塑复合材料循环再生的工艺过程。“牛牛”作为故事里的主人公，带领着我们经历了它的循环之旅，引导大家探索环保产业的奥秘。

牛奶盒浑身都是宝，回收牛奶盒的技术一直在革新进步，我们既可以把其中的纸、塑料和金属分别进行回收，也可以直接将复合材料进行再生利用，这其中蕴含着很多奥妙。“牛牛”的循环之旅对小朋友来说不仅仅是一次探险，更是一次环保意识的洗礼。希望大家在阅读故事的同时，能够发自内心地认识到关爱环境、珍惜资源的重要性。愿每一位小朋友都能成为绿色环保的小使者，为地球变得更加美丽而努力奋斗！